Miriam Paffen

Die europäische Perspektive: Zu den Auswirkungen von Klimawandel in Europa

GRIN Verlag

Bibliografische Information der Deutschen Nationalbibliothek:

Die Deutsche Bibliothek verzeichnet diese Publikation in der Deutschen Nationalbibliografie; detaillierte bibliografische Daten sind im Internet über http://dnb.d-nb.de/ abrufbar.

Impressum:

Druck und Bindung: Books on Demand GmbH, Norderstedt Germany
ISBN: 978-3-640-15072-4

Dieses Buch bei GRIN:

http://www.grin.com/de/e-book/113377/die-europaeische-perspektive-zu-den-auswirkungen-von-klimawandel-in-europa

25. Mai 2007

RWTH Aachen

Geographisches Institut

Hauptseminar Geographie

Sommersemester 2007

Hausarbeit

Die europäische Perspektive: zu den Auswirkungen von Klimawandel in Europa

Miriam Paffen

Inhaltsverzeichnis

Abbildungsverzeichnis

Tabellenverzeichnis

1 Einleitung und Themenabgrenzung

Der Klimawandel und seine Auswirkungen sind vor allem seit der Veröffentlichung des letzten IPCC Bericht (Intergovernmental Panel on Climate Change) verstärkt in die Aufmerksamkeit der breiten Öffentlichkeit gerückt. Weltweit warnen Wissenschaftler vor den Folgen der Erderwärmung und Politiker diskutieren über Möglichkeiten den fortschreitenden Klimawandel zu verringern. Auch wird in den Medien vermehrt über das Thema ‚Global Warming' berichtet und so der breiten Masse die Gefahren diesen Phänomens deutlich gemacht.

Inzwischen scheint es bewiesen, dass die stetig steigende Klimaerwärmung, die seit Beginn der Industrialisierung immer schneller voran geschritten ist, vor allem anthropogene Ursachen hat und insbesondere auf den vom Menschen verursachten Anstieg der Treibhausgase zurückzuführen ist.

Auch in Europa sind die Auswirkungen der Klimaänderung auf die physikalischen und biologischen Systeme nicht mehr zu leugnen und in allen Lebensbereichen deutlich erkennbar. Um mit diesen Folgen fertig werden und entsprechende Anpassungsmaßnahmen und Strategien planen zu können bedarf es einer möglichst genauen Analyse der anzunehmenden Auswirkungen. Dabei ist jedoch zu berücksichtigen, dass Aussagen über die Klimafolgen mit den unterschiedlichsten Unsicherheitsfaktoren in Bezug auf u.a. Ursachenzuweisung, zukünftige Entwicklung und Probleme bei der Klimamodellierung behaftet sind.
Die vorliegende Arbeit stellt im zweiten Kapitel kurz die wichtigsten, für Europa relevanten, physiogeographischen und klimatologischen Grundtatsachen vor. Im Mittelpunkt der Arbeit stehen die darauf folgenden Kapitel drei und vier. Sie beinhalten eine Zusammenschau über die diversen Erkenntnisse über die bereits bestehenden bzw. zu erwartenden Auswirkungen des Klimawandels in Europa. Dabei stehen insbesondere hygrische und thermische und Folgen im Mittelpunkt, wobei ebenfalls ökologische, sozioökonomische und wirtschaftliche Folgewirkungen thematisiert werden. Es gilt zu beachten, dass die gesamten Auswirkungen, die im Rahmen dieser Arbeit nicht alle behandelt werden können, ein komplexes Gebilde und deshalb nicht strikt voneinander zu trennen sind.

2 Thermische und hygrische Veränderungen in Europa

Die Ergebnisse vieler Forschungsberichte und Datenreihen zu Temperaturen und Niederschlagsmengen bzw. -verteilungen zeigen, dass sich auch in Europa das Klima in den vergangenen 100 Jahren deutlich verändert hat. Auch scheint es mit erheblichen Fortschritten in der Wissenschaft und bei Berechnungen von Klimamodellen nun bewiesen, dass die fortschreitende Klimaerwärmung anthropogene Ursachen hat und weitreichende Folgewirkungen haben kann.

2.1 Thermische Veränderungen – Temperaturanstieg

Im Gegensatz zur globalen Mitteltemperatur, die im letzten Jahrhundert zwischen 0,2 und 0,7℃ angestiegen ist verzeichnete Europa einen mit 0,95℃ erheblich stärkerem Anstieg. Vor allem die letzten Dekaden zeigen eine beträchtliche Temperaturzunahme mit den meisten Rekordtemperaturjahren. Dabei stiegen die Temperaturen in den Wintermonaten stärker als in den Sommermonaten (vgl. Abb. 1) (eea, 2004, S.23).

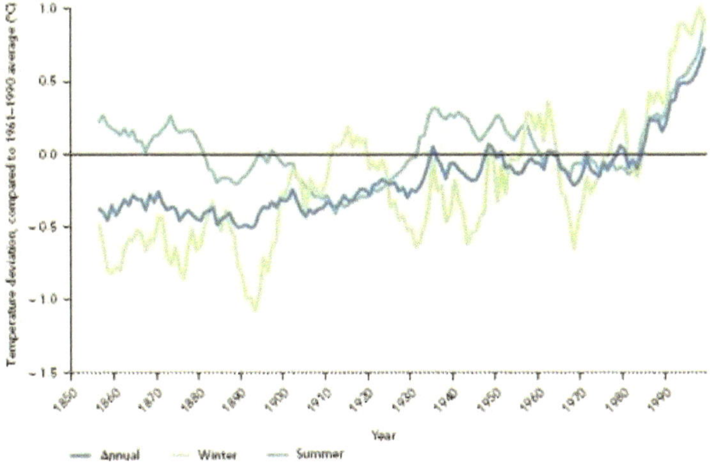

Abb. 1: observed annual, winter and summer temperature deviations in Europe

Quelle: eea, 2004, S.23

Nach dem IPCC-Bericht von 2001 ist von einer weltweiten Temperaturzunahme zwischen 1,4 und 5,8℃ in dem Zeitraum 1990-2080 auszugehen. Für Europa projiziert man sogar einen Anstieg zwischen 2,0 und 6,3℃, wobei die südeuropäischen Länder am stärksten betroffen sein werden (vgl. Abb. 2) (ebd., S.23).

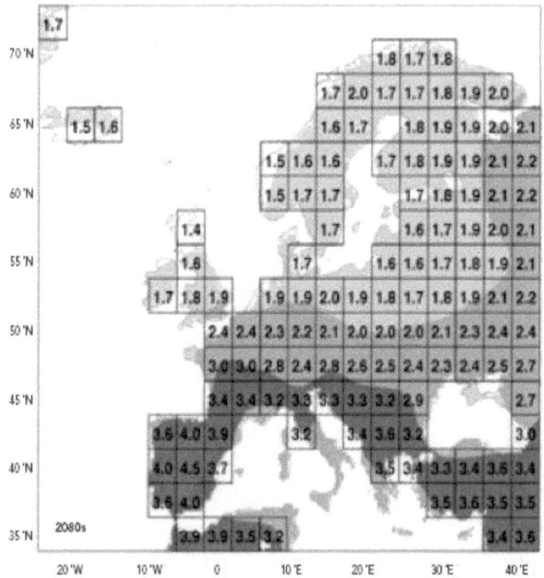

Note: Temperature change (°C). Relative to average temperature in the period 1961–1990. Intermediate ACACIA scenario in a broad range of possible future emissions.
Source: IPCC, 2001b; Parry *et al.*, 2000.

Abb. 2: Projected temperature changes in Europe up to 2080
Quelle: eea, 2004, S.25

2.2 Hygrische Veränderungen

2.2.1 Niederschlagsmengen und –verteilungen

Niederschlagsmengen und -verteilungen weisen in Europa große regionale Unterschiede auf. Die jährlichen Niederschlagstendenzen zeigen für die Periode von 1900 bis 2000 ein 10 bis 40%iges feuchteres Nordeuropa gegenüber einem 20%igen trockenen Südeuropa (vgl. Abb. 3) (ebd., S.27).

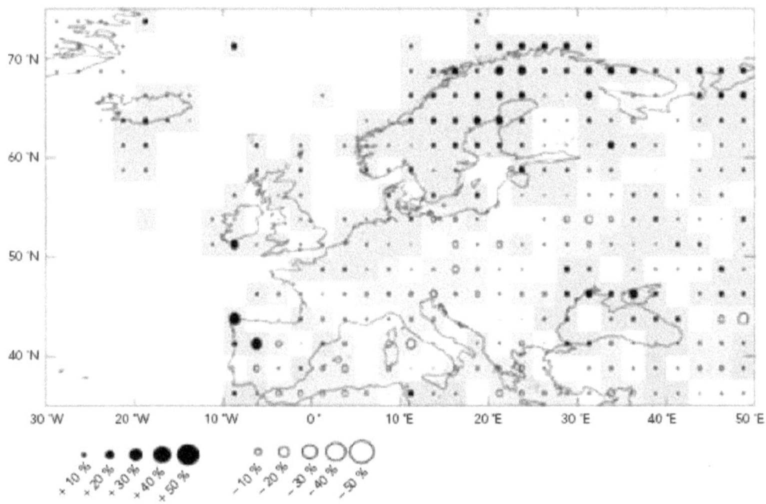

Note: Unit: Percentage change per century. Black circles show areas getting wetter and white circles show areas getting drier. Circle size is related to the magnitude of the trend. Shaded trends are significant at 90 %.
Source: IPCC, 2001b; Parry, 2000.

Abb. 3: Annual precipitation changes in Europe for the period 1900–2000

Quelle: eea, 2004, S.27

Nicht nur global betrachtet werden sich die Unterschiede zwischen feuchten und trockenen Gebieten verstärken. Abbildung 4 macht deutlich, dass der Sommerniederschlag fast überall in Europa weiterhin abnehmen wird, während im Winter mit einem ausgeprägten Nord-Süd-Gefälle mit einer Abnahme im niederschlagsarmen Südeuropa und einer Zunahme im niederschlagsreichen Mittel- und Nordeuropa zu rechnen ist (Max Planck Institut, 2000).

Die hauptsächliche Ursache für die Niederschlagszunahme in Skandinavien wird dabei eine vermehrte Erfassung von der niederschlagsreichen Westwindzone sein. Eine Verlagerung der Subtropenzone in Richtung der Mittelmeerregion wird besonders den Winterniederschlag im östlichen Teil dieses Raumes verringern (Schönwiese, 2005, S.5).

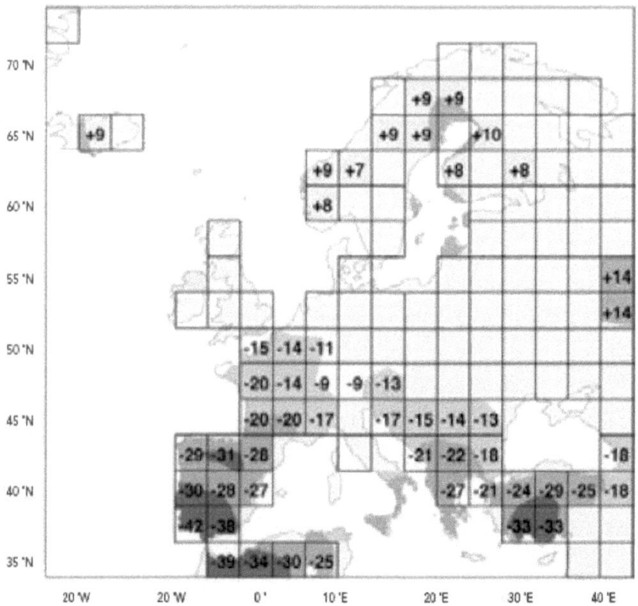

Note: Summer precipitation change (%). Relative to average precipitation in the period 1961–1990. Intermediate ACACIA scenario in a broad range of possible future emissions.
Source: IPCC, 2001b; Parry *et al.*, 2000.

Abb. 4: Projected change in summer precipitation in Europe up to 2080

Quelle: eea 2004, S.29

3 Auswirkungen der thermischen und hygrischen Veränderungen in Europa

3.1 Wetterextreme

"The frequency and magnitude of many extreme climate events increase even with a small temperature increase and will become greater at higher temperatures." (IPCC, 2001a, S.69)

Inzwischen gilt es als sehr wahrscheinlich, dass Extremereignisse, wie Überflutungen, Starkniederschläge, Stürme und Dürren in den letzten Jahrzehnten in engem Zusammenhang mit dem anthropogenen Klimawandel stehen. Es ist anzunehmen, dass die Häufigkeit und Intensität solcher Ereignisse mit steigender Temperatur weiterhin zunehmen wird. Allerdings läßt sich ein direkter Zusammenhang nicht beweisen, „da Extremereignisse per definitionem sehr selten sind und es daher in den meisten Fällen keine ausreichenden statistischen Datenreihen gibt." (HBS, 2007) Die Auswirkungen sind meist kurzfristig, spektakulär und können zu größeren Naturkatastrophen führen, die erhebliche ökonomische Schäden und volkswirtschaftliche Kosten mit sich bringen und Gefahr für Menschenleben zur Folge haben kann.

3.1.1 Hitzeperioden / Dürren

Der Anstieg der europäischen Mitteltemperatur bedeutet auch eine Zunahme von der Häufigkeit von Hitzeperioden. Die Sommer in Europa haben seit 1977 einen Erwärmungstrend um 0,7℃ erfahren und das Sommerjahrzehnt 1994 bis 2003 war das wärmste seit 1500 (Luterbacher et al., 2004, S. 1499ff).

Klimamodellrechnungen gehen davon aus, dass sich das Klima in den nächsten Jahrzehnten so stark weiter erwärmt, dass das mediterrane Klima und die damit verbundenen sehr heißen und trockenen Sommermonate bis nach Mitteleuropa vordringen werden. Dies würde bedeuten, dass Hitzesommer wie der von 2003 zur Normalität werden könnte (vgl. Abb. 5) (Schär et al., 2004, S. 332ff).

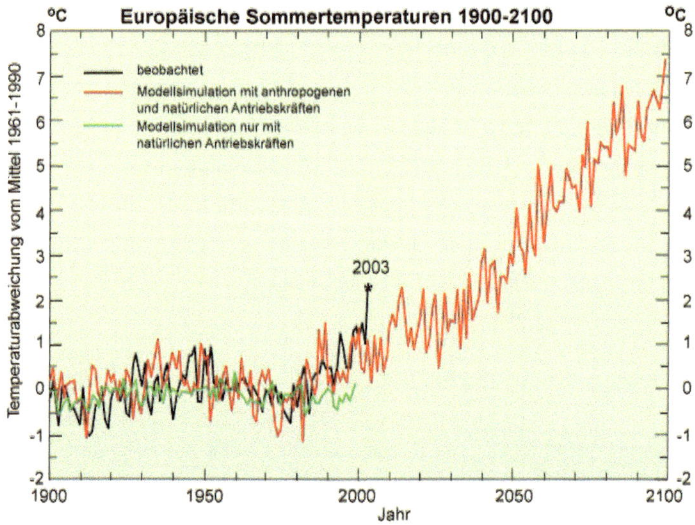

Abb. 5: Abweichung der Sommertemperaturen (Juni-August) in Mittel- und Südeuropa 1900-2100 vom Mittel der Jahre 1961-1990.

Der Sommer 2003 ragt deutlich aus den simulierten Temperaturen heraus, wird in wenigen Jahrzehnten aber ein normaler und gegen Ende des 21. Jahrhunderts ein kalter Sommer sein. Der Verlauf der schwarzen (Beobachtung) und grünen (Simulation nur mit natürlichen Antriebskräften) Kurve zeigt, dass die Sommertemperaturen der letzten beiden Jahrzehnte höchstwahrscheinlich durch anthropogene Antriebskräfte mit verursacht wurden.

Quelle: HBS, 2007

Dieser Sommer war nicht nur außerordentlich heiß, sondern zudem noch sehr trocken. Besonders betroffen waren Frankreich, Deutschland, die Schweiz und Italien. Zu den hohen Sommertemperaturen kam noch erschwerend eine extreme Niederschlagsarmut zwischen Februar und Oktober hinzu. Durch die geringe Bodenfeuchte und eine damit einhergehende verminderte Verdunstung verstärkte dabei eine Erhöhung der Lufttemperatur zusätzlich (HBS, 2007).

Durch die bereits in Kapitel 2 erwähnten thermischen und hygrischen Veränderungen wird besonders Südeuropa in steigendem Maße Probleme mit Dürren bekommen. Im Gegensatz zu Hitzewellen sind sie meist von längerer Dauer und haben weitreichende Folgewirkungen wie Absenkung des Grundwasserspiegels, Verringerung von Wasserressourcen und Wasserqualität,

Ernteausfällen, Hungerkatastrophen und Krankheiten. Auch werden die erhöhten Sommertemperaturen eine verminderte Bodenfeuchte und damit eine stärkere Austrocknung des Bodens zur Folge haben. Schon heute ist Wasser in den südeuropäischen Ländern ein kostbares Gut. Hier trägt neben dem Klimawandel auch noch die Wasserverschwendung durch den Tourismus und die wasserintensive Landwirtschaft einen großen Teil zur Wasserknappheit bei. Zudem wird mit langanhaltenden Trockenperioden besonders in diesen Gegenden die Waldbrandgefahr anwachsen (ebd.).

3.1.2 Starkniederschläge / Hochwässer

Ein weiteres Beispiel für extreme Witterungsereignisse sind in jüngster Zeit vor allem auch die Hochwasserereignisse in Mitteleuropa.

Mit dem Ansteigen der Temperaturen erhöhen sich auch die Verdunstungsraten und die Wasserdampfkapazität der Atmosphäre. Dies bedeutet zum einen die Gefahr von Dürren in Gebieten, wo die höhere Verdunstung nicht mehr durch Niederschlag ersetzt wird, zum anderen bedeutet es auf Grund des höheren Wasserdampfgehaltes in der Atmosphäre, dass es zu häufigeren Extremereignissen mit größeren Niederschlagsmengen kommt (vgl. Abb. 6) (HBS, 2007).

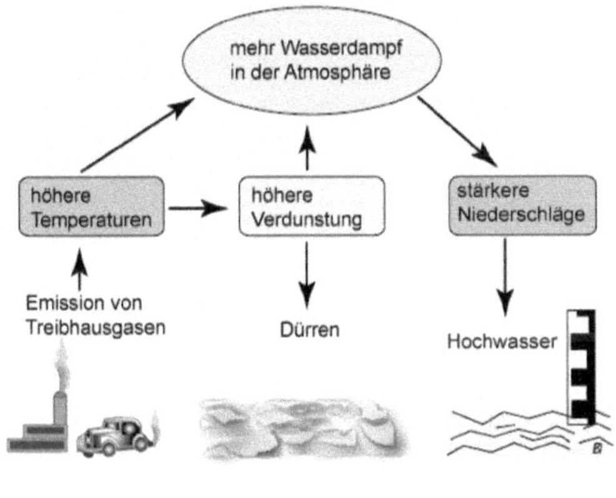

Abb. 6: Auswirkungen der zunehmenden Konzentration von Treibhausgasen
Quelle: HBS, 2007

Starke heftige Niederschläge sind dann auch oft die Ursache von Hochwasserereignissen, da die teilweise eingeengten Flussläufe die anfallenden Wassermengen nicht ableiten können ohne Überschwemmungen mit sich zu ziehen.

In dieses Muster passen in Europa vor allem das Oderhochwasser im Jahr 1997, die Elbeflut von 2002 und die Hochwasser in den Alpenregionen und Rumänien in den Sommermonaten 2005. All diese Ereignisse entstanden unter einer bisher eher seltenen europäischen Wetterlage, wobei vor allem an den Sudeten, dem Erzgebirge, dem Bayerischen Wald wie auch im Alpenbereich erhebliche Niederschläge auftraten. Nach Modellberechnungen wird diese Wetterlage vermehrt in einem sich erwärmenden Klima auftreten.

Neben schweren ökologischen Schäden wurden auch enorme ökonomische Kosten verursacht. In den Bereichen von Flüssen haben sich mit zunehmender Besiedlung auch die Sachwerte in diesen Regionen konzentriert. Dazu kommen noch anthropogene Landschaftsveränderungen wie Eindeichung und Flussbegradigungen, die natürliche Überflutungsräume verringern (ebd.).

3.1.3 Stürme

Auch bei den Sturmereignissen der letzten Jahrzehnte in Westeuropa sind die Wissenschaftler sich nicht einig ob diese erste Anzeichen für einen anthropogenen Klimawandel darstellen oder ob es sich hierbei um eine natürliche Schwankung der Nordatlantischen Oszillation handelt. Diese wird als Ursache für das Sturmklima in Europa gesehen. Bei einem hohen Luftdruckgegensatz zwischen Azorenhoch und Islandtief sind demnach stärkere Stürme zu erwarten.
Einige Modellberechnungen und theoretische Überlegungen legen jedoch nahe, „dass bei einer allgemeinen Erwärmung der Atmosphäre zwar die Gesamtzahl der Stürme in mittleren Breiten abnehmen könnte, die Zahl und Intensität der besonders starken Stürme jedoch zunehmen würden.“ (HBS, 2007)

Einer der schlimmsten Sturmereignisse der letzten Jahre ist der Orkan Lothar, der am 26. Dezember 1999 vor allem über Frankreich und Deutschland zog. An einigen Orten waren bis zu diesem Zeitpunkt sogar noch nie solche hohen Windgeschwindigkeiten gemessen worden. Die Schäden hatten teilweise verheerende Ausmaße. Insgesamt starben 122 Menschen, Flughäfen mussten gesperrt werden, die Wälder erlitten große Schäden und Teile von Südwest-Frankreich waren wochenlang ohne Telefonverbindung und Strom (ebd.).

Am 18. und 19. Januar 2007 richtete der Orkan Kyrill in weiten Teilen Mitteleuropas große Schäden an. Zunächst zog der Sturm über Irland und Großbritannien und später über das kontinentale Europa. Auch wenn die Spitzenwindgeschwindigkeiten von Kyrill weit unter denen von Lothar lagen, fielen die Schäden nicht viel geringer aus, da Kyrill eine deutlich größere Fläche überzog (Swiss Re, 2007, S.1).

Allein in Deutschland kamen 11 Menschen ums Leben, der Bahnbetrieb wurde zeitweise komplett eingestellt und es kam zu erheblichen Schäden in Wäldern und bei Gebäuden. Eine befürchtete Sturmflut an der Nordseeküste und zu großräumigen Hochwasser in den Flussregionen kam es jedoch nicht. (DWD, 2007, S.3)

3.2 Eis und Schnee

Die Kryosphäre ist ein wichtiger, mit anderen Komponenten wie Atmosphäre und Ozean in enger Wechselwirkung stehender Bestandteil des Klimasystems.

In Europa sorgen die strahlungsintensiven und warmen Frühlings- und Sommermonate und Starkniederschläge für das schwindende Volumen und eine negative Massenbilanz der allermeisten Gletscher. Zudem besteht ein negativer Rückkopplungsprozess zwischen Schnee, Eis und Albedo. Die durch die Temperaturerhöhung sich zurückziehenden Eis- und Gletschermassen geben viel Landfläche frei, so dass der Albedo-Effekt gesteigert und damit eine stärkere Temperaturerhöhung verursacht wird. Auch können Rußablagerungen auf Eis-

und Schneeflächen, die zu einer stärkeren Absorption der Sonnenstrahlung führen, von Bedeutung sein.

Des Weiteren hat sich die Schneebedeckung durch veränderte Niederschläge auf der nördlichen Hemisphäre, mit Ausnahme von Skandinavien, verringert. Diese hat zwischen den Jahren 1972 bis 2003 um ca. 10% abgenommen (HBS, 2007).

Die Klimaänderung und ganz besonders das Abschmelzen der Gletscher und das Auftauen von Permafrost haben weitreichende Folgewirkungen auf viele physikalische, biologische und wirtschaftliche Teilsysteme, wie Wasserressourcen, Ökosysteme, Landwirtschaft, Tourismus, die dann ab dem Kapitel 3.3 weiter vertieft werden sollen.

3.2.1 Gletscherschmelze

Am augenscheinlichsten lassen sich derzeit die Folgen der Erderwärmung an dem Rückzug der Gletscher erkennen. „Glaciers are therefore considered as key indicators for the early detection of global greenhouse related warming trends." (IPCC, 2001b)

54.000 km² Gletscherfläche gibt es in Europa, davon allein 95% in Skandinavien und Island. Die restlichen 5% befinden sich in den Alpen und den Pyrenäen. Besonders die Gebirgsgletscher reagieren sehr sensibel auf die Klimaänderung, da sich ihre Oberflächentemperatur nahe dem Gefrierpunkt befindet (eea, 2004, S. 33).

„In den Alpen haben die Gletscher seit Beginn der Industriellen Revolution mehr als die Hälfte ihrer Masse verloren; in letzter Zeit hat der Rückgang sich beschleunigt." (Rahmstorf, 2006, S. 56)

Im Widerspruch zum weltweiten Rückgang der Gletscher stehen jedoch u.a. die Vorstöße von einigen norwegischen Gletschern in Küstennähe, die auf Grund verstärkter Niederschläge in den 90er Jahren Massen- und Längenzuwachs aufweisen konnten. Aber auch dieser Trend hat sich seit dem Jahr 2000 wieder umgekehrt (vgl. Abb. 7) (CICERO, 2005).

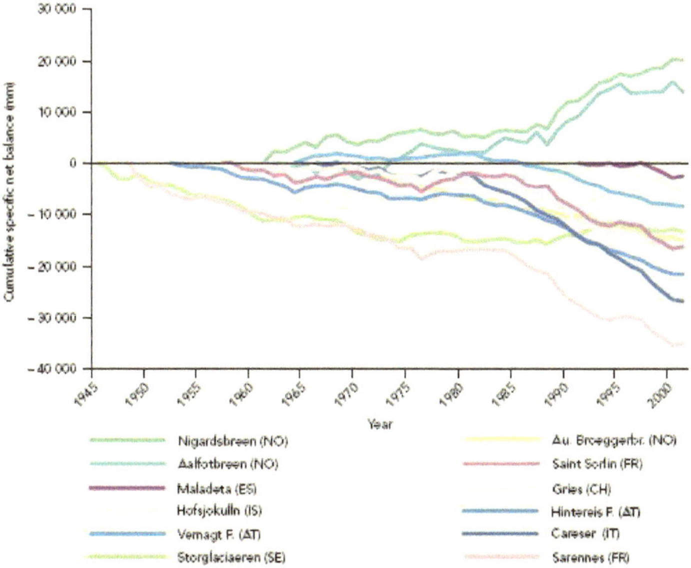

Abb. 7: Cumulative net balance of glaciers from all European glacier regions

Quelle: eea, 2004, S. 33

Der Gletscherschwund hat für diese Regionen und ganz besonders für die Alpen erhebliche Auswirkungen. Durch die starken Rückzugstendenzen der Gletscher werden die Gletschervorfelder und damit große Schuttareale freigelegt. Dieses Lockergestein kann als Murengang oder Erdrutsch Siedlungen in Tälern gefährden. Zudem führt die erhöhte Gletscherschmelze zur Vergrößerung und Vermehrung von Gletscherseen, was wiederum die Gefahr von Gletscherwasserausbrüchen ansteigen lässt. Die aktuellsten Ereignisse sind der Durchbruch eines Gletscherhochwassers im Jahr 2006 in Vadret da l'Alp Ota und der Felssturz an der Ostflanke des Eiger, wo hundertausende Kubikmeter von Stein auf den unteren Grindelwaldgletscher stürzten. Dabei wird vermutet, dass die Ursache beim Rückzug des Gletschers und der damit fehlende Druck auf der Felspartie liegt (Gesellschaft für ökologische Forschung e.V., 2007).

3.2.2 Auftauen von Permafrost

Der Permafrost ist eine etwa 20 bis 100 Meter aus Eis und Boden bestehende dicke Schicht im Hochgebirge, die das ganze Jahr über gefroren bleibt. Jedoch hat sich in den letzten 100 Jahren die Permafrostgrenze in Folge der Temperaturerhöhung, der stärker einfallenden Strahlung und einer verminderten bzw. fehlenden isolierenden Schneedecke bereits 150 bis 200 Höhenmeter nach oben verschoben (Gesellschaft für ökologische Forschung e.V., 2007). Das Auftauen von Permafrost betrifft im Gegensatz zur weltweiten Betrachtung in Europa nur recht kleine Territorien, aber auch dieser Prozess hat sich in den letzten Jahrzehnten enorm beschleunigt und damit an Brisanz gewonnen. Mit Erforschung des Permafrostes wurde erst vor ca. 30 Jahren begonnen als die möglichen Auswirkungen der Veränderungen von Permafrost vermehrt ins Bewusstsein rückten (Umweltdachverband 2006, S. 36).

Der Permafrost hat in den Gebirgsregionen zwei Hauptfunktionen für das ökosystemare Gleichgewicht. Zum einen ist er ein gigantischer Wasserspeicher und zum anderen bindet er Lockersedimente in Steillagen. Der Klimawandel bringt dieses Gleichgewicht empfindlich aus der Waage und führt zu einer Vielzahl von Auswirkungen auf die oberflächenformenden Prozesse. Zum einen kann es durch auftauende und damit schwächer gebundene Geröllschichten zu plötzlichen gravitativen Massenbewegungen von Lockersediment oder auch Festgestein kommen. Diese Bergstürze und Hangrutschungen treten vor allem im Bereich um die Gletscherschneegrenze auf (Schröder, 2004, S. 137). Hierbei wirkt das Schmelzwasser zusätzlich als Schmiermittel (Umweltdachverband, 2006, S.40).

Eins der jüngsten und bekanntesten Beispiele ist der Abbruch von ca. tausend Kubikmetern Fels am Matterhorn im Rekordsommer 2003. Zu der Zeit war die Nullgradgrenze bis 4800 m geklettert (Rahmstorf, 2006, S. 61). Zudem können auch Muren, also Ströme aus Wasser mit Beimengungen von Schnee, Eis und Gesteinsschutt bilden, die ebenso wie Geröll- und Schlammlawinen eine äußerst große Gefahr für die Menschen und Siedlungen in den Tälern darstellen. Die zunehmende Gefährdung machen kostspielige und unansehnliche Schutzverbauungen erforderlich.

In den polaren Regionen führt das Auftauen der Böden noch zu weiteren Problemen. Hier sind Gebäude und Infrastruktur zum Teil im Permafrost verankert. Durch das Auftauen geht dieser Halt verloren und Häuser, aber auch Straßen oder Pipelines sinken regelrecht ein. Dasselbe geschieht mit ganzen Waldstücken, die in den aufgeweichten Böden keinen Halt mehr finden. Weiterhin versickern viele Seen, die sich im Normalfall oberhalb der Permafrostschicht im Sommer bilden (ebd., S. 61).

3.3 Veränderungen bei Wasserressourcen / Wassernutzung

Der anthropogene Klimawandel führt auch bei den Wasserreessourcen und der Wassernutzung in Europa zu entscheidenden Veränderungen, was wiederum weitreichende Konsequenzen für viele Bereiche der Wirtschaft, Gesellschaft und Umwelt erwarten lässt.

Auf Grund der unterschiedlichen Klimate in Europa gibt es je nach Region auch dementsprechend andere hydrologische Systeme. Niederschlags-, Verdunstungs- und Abflussraten fallen je nach Region sehr unterschiedlich aus. Im maritimen Westeuropa bleibt der Abfluss auf Grund von den wenig ausgeprägten jahreszeitlichen Variationen annährend konstant, wohingegen es im Süden zu einem starken Oberflächenabfluss in den Wintermonaten und Trockenheit im Sommer kommt. In den Gebirgsregionen, dem äußersten Norden und im Osten fällt der Winterniederschlag in Form von Schnee. Damit kommt es hier im Frühjahr durch die Schneeschmelze zum Hauptabfluss.

Die in Kapitel 2 beschriebenen zu erwartenden Veränderungen in Bezug auf Niederschlag und Temperatur in Folge des Klimawandels werden auch im hydrologischen Regime ein verstärktes Nord-Süd Gefälle zur Folge haben.
Vor allem in Südeuropa wird eine Verringerung der Niederschläge und eine Erhöhung der Verdunstung im Sommer zu einem weitaus geringeren Abfluss führen (vgl. Abb. 8) (HBS, 2007).

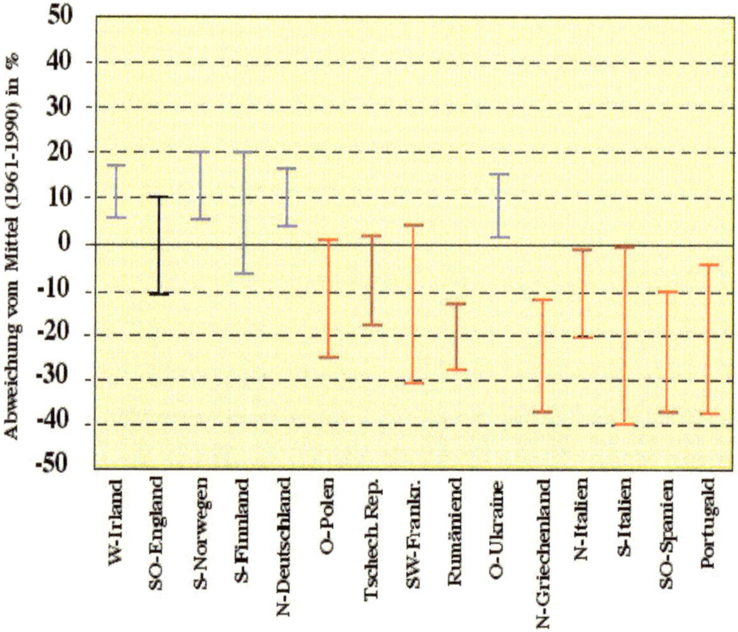

Abb. 8: Prozentuale Veränderungen des jährlichen Oberflächenabflusses in den 2050er Jahren gegenüber dem Mittel von 1961-1990 bei einem Temperaturanstieg von 1,13 °C bis 2,33 °C.
Die Balkenbreite zeigt die Bandbreite der Modellergebnisse
Quelle: Arnell, 1999, S.13

In den von Schneefall bestimmten Regionen wird zunächst der Wasserabfluss in den Gletscherflüssen zunehmen, dann aber nach dem Verschwinden der speisenden Gletscher versiegen. Dies kann weitreichende Konsequenzen haben, denn in den meisten Gebirgsregionen hängen die Wasserversorgung und die Landwirtschaft von den Gletschern als Wasserquelle ab (Rahmstorf, 2006, 55ff). So lang die Gletscher die Flüsse noch ernähren, wird in Europa die Schneeschmelze mit steigenden Temperaturen im Frühjahr eher einsetzen und damit das Schmelzwasser zu früh im Jahr abführen, so dass es in den Sommermonaten zu Wassermangel und Niedrigständen in den Flüssen kommt. Der Rhein beispielsweise, der sein Wasser hauptsächlich aus den Alpen bezieht, würde sich damit von einem von der Schneeschmelze dominierten zu einem vom

Niederschlag bestimmten Fluss wandeln. Dies kann bedeuten, dass in extremen Dürrejahren auf vielen Flüssen keine Lastschifffahrt mehr möglich sein wird.
Die Wasserressourcen werden in Europa aber auch in hohem Maße durch Wasserverbrauch und Wasserverschmutzung bestimmt und variiert.

Vor allem im Süden Europas stellt der Wasserverbrauch durch Landwirtschaft und Tourismus ein zunehmendes Problem dar. Mit steigenden Temperaturen werden die Menschen beim Duschen, Waschen und der Gartenbewässerung mit einem höheren Wasserverbrauch reagieren. Aber auch im restlichen Europa ist auf Grund des gesteigerten Konsumverhaltens mit einem Anstieg beim Wasserverbrauch zu rechnen. Zudem wird im Zuge der Erwärmung im industriellen Sektor mit einer Erhöhung des Wasserverbrauchs zu rechnen sein, weil eine Erhöhung der Wassertemperatur in Seen und Flüssen die Wirkung von Kühlsystemen, z.B. bei Kernkraftwerken reduziert und damit ein erhöhter Bedarf an Kühlwasser besteht.

Die Wasserqualität in europäischen Gewässern ist durch kommunale Abwässer, die Industrie und Agrochemie aus der Landwirtschaft schon stark belastet. Aber auch die höheren Temperaturen können einen großen Einfluss auf die Qualität haben. Zum einen wird die Mineralisierung von organischen Stickstoffverbindungen im Boden erhöht und so der Input in die Gewässer verstärkt. Zum anderen wird durch eine gesteigerte Wassertemperatur der biogeochemische Sauerstoffbedarf erhöht und der Gehalt an gelöstem Sauerstoff eines Gewässers herabgesetzt. Des Weiteren werden die biologischen und chemischen Prozesse intensiviert, so dass dadurch die Nitrat-Konzentration abnehmen könnte (HBS, 2007).

3.4 Meeresspiegelanstieg

Als Hauptursachen für den Meeresspiegelanstieg in den letzten 100 Jahren gelten insbesondere die thermale Expansion des Meerwassers durch die Erwärmung der Ozeane (thermosterisch) und ganz besonders die Zunahme des Wasservolumens durch das Abschmelzen von Eis auf dem Land (eustatisch).

Im letzten Jahrhundert ist der Meeresspiegel in Europa zwischen 0,8 und 3,0 mm pro Jahr angestiegen, wobei sich dieser von Dekade zu Dekade immer mehr beschleunigt hat (vgl. Abb. 9).

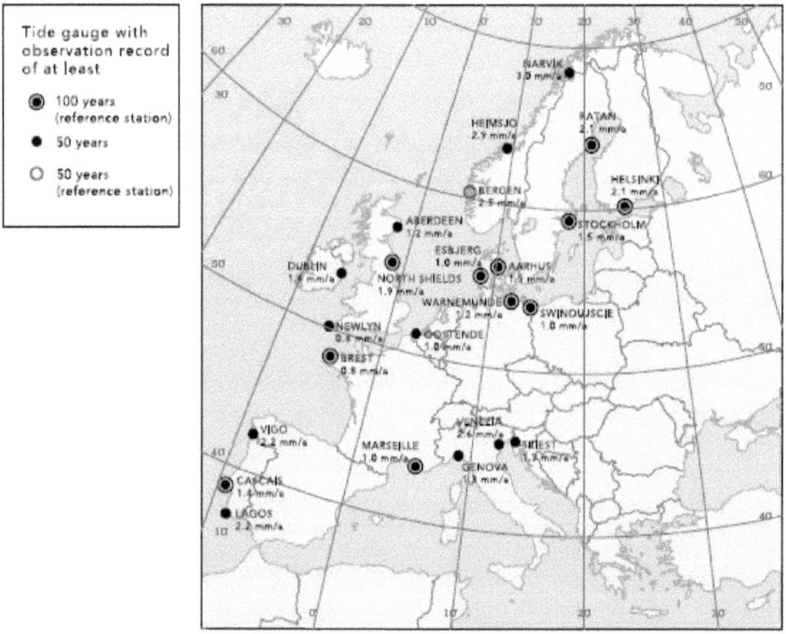

Note: Data are corrected for post-glacial processes.

Abb. 9: Change of sea level at selected stations in Europe from 1896 to 1996
Quelle: eea, 2004, S. 40

Nach dem IPCC-Bericht von 2001 wird für den Zeitraum 1990 bis 2100 eine mittlere Steigungsrate zwischen dem 2,2 und 4,4 fachen gegenüber dem 20. Jahrhundert vorausgesagt Das heißt, dass der Meeresspiegel bis 2100 um 9 bis 88cm ansteigen wird (eea, 2004, S. 40).

Zunehmend betroffen werden vor allem flache Randmeere wie die Nordsee sein, weil hier die thermische Expansion der oberen Wasserschichten stärker ausfallen wird als in den Weltozeanen (Sterr H. & K. Schmidt, 1995, S. 107).

„Der Meeresspiegelanstieg reagiert aufgrund der großen Wärmeaufnahmekapazität langsamer auf den Klimawandel. Einmal eingetretene Veränderungen werden sich dann aber über viele Jahrhunderte halten.“ (Umweltbundesamt, 2004, S.5)

Für Europa kann der projizierte Meeresspiegelanstieg verheerende Folgen haben. Die am stärksten gefährdeten Küstengebiete sind an den Nordseeküsten der Niederlande, Belgiens, Deutschlands und Dänemarks, der Poebene, im östlichen England und Teile der Ostseeküste. Die besondere Gefährdung liegt darin, dass allein 85% der Küstenzone (gerechnet bis 10km landeinwärts) der Niederlande und Belgiens, etwa 50% der Küstengebiete Deutschlands, 30% der von Dänemark und 22% derjenigen Polens unterhalb von 5m über dem Meeresspiegel liegen. Nach Schätzungen sind in Europa bei einem Meeresspiegelanstieg um einen Meter bis zu 13 Millionen Menschen betroffen (Brooks et al. 2006, S. 6). Die Tabelle 1 führte einige gefährdete europäische Länder auf.

Tab. 1: Gefährdete Küsten bei einem Meeresspiegelanstieg von 1 m
Quelle: verändert nach: Nicholls R. J. et al., 2006, S.47

Land	**1 m Anstieg**	**% der Staats-Fläche**	**Gefährdete Bevölkerung**
Niederlande	20277 km2	48,4 %	5 139 000
Deutschland	13910 km^2	4,0 %	1 565 000
Polen	3781 km^2	1,2 %	345 000
Dänemark	3177 km^2	7,4 %	155 000
Großbritannien	2540 km^2	1,0 %	372 000
Belgien	1148 km^2	3,8 %	262 000

Das liegt auch vor allem daran, dass besonders gefährdete Küstenformen, wie flache Küsten und Deltas, auch in Europa bevorzugte Siedlungsgebiete sind. Beste Beispiele dafür sind die Ästuar-Mündung der Themse mit der Millionen-Stadt London und das Rhein-Delta, welches das ökonomische und soziale

Zentrum der Niederlande und Heimat des größten europäischen Hafens Rotterdam ist.

Aber nicht nur der bloße Anstieg des Meeresspiegels und die damit einhergehende Überflutung küstennaher Feuchtgebiete und Tiefebenen stellen eine Gefahr dar. Wichtig sind vor allem auch die mit einem Anstieg verbundenen Folgewirkungen. Dazu gehören u.a. eine Verstärkung von Sturmfluten und die Erosion der Küstenlinie.

3.4.1 Verstärkung von Sturmfluten

Auf die Sturmflutkatastrophen im letzten Jahrhundert wurde mit teilweise immensen Küstenschutzmaßnahmen wie beispielsweise Deicherhöhungen und Sandvorspülungen reagiert. Vor allem die durch ihre besonders tiefe küstennahe Lage potentiell gefährdete Niederlande bauen sehr kostenintensive Landgewinnungs- und Küstenschutzprojekte. Allein für den Deltaplan, der die Südwestküste schützen soll, wurden fast 5 Milliarden Euro ausgegeben (Butzengeiger & Horstmann, 2005, S. 46). Auch die sturmflutgefährdete Millionenstadt Hamburg investiert mächtig in den Hochwasserschutz, denn in den 250 Quadratkilometern, die am stärksten gefährdet sind, leben ca. 180.000 und arbeiten 140.000 Menschen. Zudem lagern dort Waren, die nach Schätzungen einen Wert von 10 Milliarden Euro haben. Das Bauprogramm, welches voraussichtlich im Jahr 2009 fertig gestellt sein soll, umfasst Baukosten von 600 Millionen Euro für Sperrwerke, Schleusen, Schöpfwerke, Deichsiele und Schutztore (Freie Hansestadt Hamburg, 2006).

Hierbei wird deutlich, dass die regionalen Auswirkungen des Klimawandels nicht nur von den naturräumlichen Gegebenheiten abhängen, sondern auch von der wirtschaftlichen und sozialen Situation in den jeweiligen Ländern und den damit einhergehenden Möglichkeiten zu reagieren (Butzengeiger & Horstmann, 2005, S. 46). Im Gegensatz zu den Entwicklungsländern werden die europäischen Staaten dem zu erwartenden Meeresspiegelanstieg mit kostspieligen

Küstenschutzmaßnahmen begegnen können, da wir hier über die finanziellen und technischen Mittel und infrastrukturellen Voraussetzungen verfügen.

3.4.2 Erosion der Küstenlinie

Auf Grund von erhöhten Seegangs- und Brandungswirkungen werden besonders die europäischen Sandküsten und Deltas von Erosion betroffen sein. In Deutschland sind die ostfriesischen Inseln, Sylt und viele Küstenabschnitte in Mecklenburg-Vorpommern schon jetzt schwer betroffen.

Die meisten Küstenformationen von Nord- und Ostsee wurden in den Eiszeiten aus Lockergestein aufgebaut, daher gelten sie als weiche, mittels mariner und terrestrischer Prozesse leicht formbare Strukturen. Zwar wird durch Küstenschutzmaßnahmen versucht eine künstliche Stabilität zu schaffen, jedoch ist diese nicht an die natürlichen hydrologischen und morphologischen Prozessabläufe angepasst, was wiederum zu einer Instabilisierung der Küste führen kann. Durch Veränderungen im Gezeitenpegel nimmt die hydrodynamische Gesamtbelastung, vor allem in Buchten und Ästuaren durch Abbau von seegangsdämpfenden Reliefstrukturen, wie beispielsweise Sandriffe oder vorgelagerte Sandbänke, und die Verstärkung von Erosionseffekten durch Bauwerke zu (Sterr & Schmidt, 1995, S. 108).

Diese und weitere Folgewirkungen, wie beispielsweise die Versalzung von Ästuar- und Deltamündungen und weitere negative Beeinträchtigung von Grundwasservorkommen und der Wasserqualität führen in den in Kapitel 4 vorgestellten Teilsystemen zu weitreichenden Konsequenzen.

4 Auswirkungen in bestimmten Teilsystemen

4.1 Natürliche Ökosysteme

Ökosysteme sind Rohstofflieferanten und Erholungsgebiete und stellen damit eine wichtige Rolle im menschlichen Leben und Wirtschaften dar. Zudem „sind sie ein bedeutender Faktor in den biochemischen und physikalischen Rückkopplungen zwischen Biosphäre und Atmosphäre." (HBS, 2007)

Die Aussagen der Klimamodelle lassen befürchten, dass die Widerstandsfähigkeit vieler Ökosysteme in diesem Jahrhundert sehr wahrscheinlich stark überschritten wird und dass viele Ökosysteme nicht in der Lage sein werden sich den rasch verändernden Bedingungen anzupassen. Hierbei spielt aber nicht nur die Klimaänderung und die damit verbundenen Störungen, sondern auch Landnutzungsänderungen, Umweltverschmutzung und die Übernutzung von Ressourcen eine wichtige Rolle. Wissenschaftler befürchten einen dramatischen Verlust an Biodiversität. Sie vermuten sogar, dass etwa 20 bis 30% der bisher untersuchten Tier- und Pflanzenarten vom Aussterben bedroht sind, wenn die globale Temperatur mehr als 2 bis 3°C über den vorindustriellen Werts ansteigt (Bundesumweltministerium, 2007, S.1ff). Besonders empfindlich reagieren in Europa schon heute die Tiere und Pflanzen in den Mittelmeer- und Gebirgsregionen. Die Verbreitungsgebiete verschieben sich global polwärts und lokal in größere Höhen.

4.1.1 Pflanzen allgemein

Die Vegetationszonen haben sich im Laufe der Erdgeschichte in Folge von Klimaschwankungen häufig verschoben. In der letzten Eiszeit war Europa dabei beispielsweise weitgehend von Tundrenvegetation bedeckt, bis vor ca. 10.000 Jahren langsam wieder eine Wiederbewaldung folgte. Diese natürlichen Verschiebungen sind allerdings nicht vergleichbar mit den anthropogen hervorgerufenen Veränderungen. Es bleibt fragwürdig, ob Pflanzen schnell genug auf die steigenden Temperaturen und die CO_2 – Anreicherung in der Atmosphäre reagieren können (Enquete-Kommission, 1992, S. 120). Es liegt nahe, dass einige

Pflanzenarten in ihrer Ausbreitung mit der Verschiebung der Vegetationszonen nicht Schritt halten können und aussterben werden. Allerdings ist die Verschiebung gesamter Ökosysteme nicht zu erwarten, da die verschiedenen Arten sehr unterschiedlich auf den Klimawandel reagieren und auch verschiedene Migrationseigenschaften besitzen. Es wird daher eher so sein, dass sich die Vegetation sich primär in ihrer Zusammensetzung reorganisiert (HBS, 2007).

Die Verlängerung der Vegetationsperiode in Europa, die hauptsächlich auf einen früheren Vegetationsbeginn zurückzuführen ist, ist ein deutliches Indiz dafür, dass die Vegetation auf die steigenden Temperaturen reagiert hat. Besonders in den höheren Breiten der nördlichen Halbkugel zeigen Untersuchungen im Mittel eine Ausweitung der Vegetationsperiode um 1,2 bis 3,6 Tage pro Jahrzehnt (IPCC, 2001a, 5.2.1). Die Auswertung von phänologischen Zeitreihen an zahlreichen europäischen Standorten im Zeitraum 1959 bis 1993 beweisen, dass sich die Wachstumsperiode um 10,8 Tage verlängert hat. Dabei hat der Beginn der Vegetationsperiode sich um ca. 6 Tage vorverlagert und das Ende hat sich um 4,8 Tage verlängert (vgl. Abb. 10) (Menzel, A. & P. Fabian, 1999, S. 659).

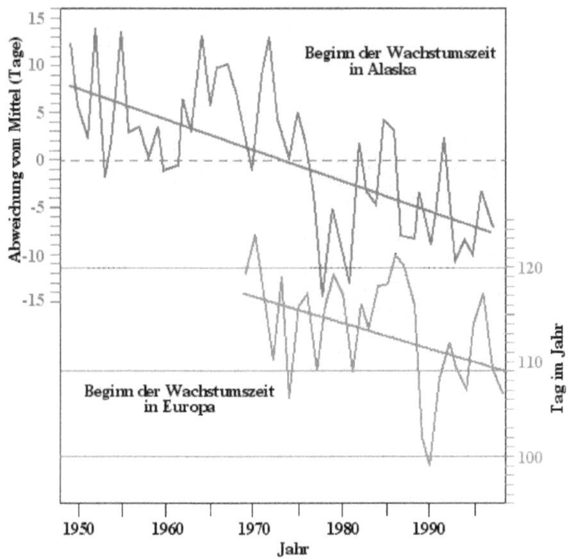

Abb. 10: Vorverlegung des Beginns der Wachstumszeit in Europa, gemessen am Tag im Jahr (31.März = 90. Tag im Jahr), und in Alaska, gemessen am langjährigen Durchschnitt

Quelle: HBS, 2007

Allerdings könnten ansteigende Sommertemperaturen in Europa den im Frühjahr vorhandenen Vorsprung in der Entwicklung einiger Pflanzen, wie beispielsweise Obstgehölze (z.B. Kirsche und Apfel) wiederum kompensieren, so dass sich lediglich der Entwicklungszeitraum zum Jahresanfang hin verschiebt. Jedoch ist mit dem zeitigen Blattaustrieb auch die Gefahr durch erhöhtes Spätfrostrisiko gegeben. Weitere Störungen des Wachstumsrhythmus können auch durch milde Witterungsabschnitte im Winter ausgelöst werden. Diese führen teilweise zu Enthärtung der Gehölze, wodurch die Bäume für Frostschäden anfälliger werden (Chmielewski, 2005, S. 69ff). Neben der Temperatur hat auch die erhöhte CO_2-Konzentration in der Atmosphäre einen bedeutenden Einfluss auf die Pflanzen. Durch den CO_2 – Düngungseffekt profitieren lediglich bestimmte Pflanzen, die sich zu Lasten anderer ausbreiten könnten, was wiederum zu einer Destabilisierung der betroffenen Ökosysteme führen könnte (Enquete-Kommission, 1992, S. 121).

4.1.2 Tiere allgemein

Auch die, durch menschliche Aktivitäten bedrohte und teilweise bereits ausgerottete, Tierwelt ist zusätzlich durch den Klimawandel zunehmend gefährdet. Die meisten Tierarten reagieren äußerst sensibel auf Feuchtigkeit und Temperatur und haben in Folge des Klimawandels ihre Lebensräume schon polwärts, bzw. in die Höhe verschoben. Auch haben Untersuchungen ergeben, dass es in Hinblick auf die Körpergröße, Brutverhalten und Brutzeiten klimabedingte Veränderungen gibt (IPCC, 2001a, 5.4.3).

Ein Beispiel für Europa sind die Verbreitungsgebiete von Schmetterlingen, die als wechselwarme Tiere besonders empfindlich auf Temperaturänderungen reagieren. In Europa ist in den letzten 100 Jahren die Temperatur um 0,8°C gestiegen und die Isothermen haben sich damit ca. 120km nach Norden verschoben, was wiederum annährend dem Mittel der Verschiebung der Schmetterlingsverbreitung entspricht. Studien belegen ebenfalls eine Zunahme der Verbreitungsgebiete einiger Schmetterlingspopulationen in England. Hier konnten sie Regionen kolonisieren, in denen sie auf Grund des Klimas nicht hätten überleben können (Thomas et al., 2001, 577ff).

Ein weiteres Beispiel für klimatische Veränderungen in Europa ist das Verhalten von Vögeln. Auch hier lässt sich eine eindeutige Nordverschiebung erkennen. Bei vielen britischen Vogelarten hat sich die Nordgrenze in den letzten 20 Jahren um ca. 18,6km nach Norden verschoben. Auf Grund höherer Frühlingstemperaturen haben sich auch die Brutzeiten und der Zeitpunkt der Eiablage bei einigen Vogelarten in Europa vorverlegt. Die Abbildung 11 zeigt eine deutliche Korrelation zwischen der Zeit des Eierlegens und den Frühjahrstemperaturen beim britischen Buchfink auf. Begründen lässt sich dies insbesondere durch den höheren Energievorrat der weiblichen Brutvögel durch die gestiegenen Nachttemperaturen und durch das frühere Vorhandensein von Insektenfutter im Jahr (HBS, 2007).

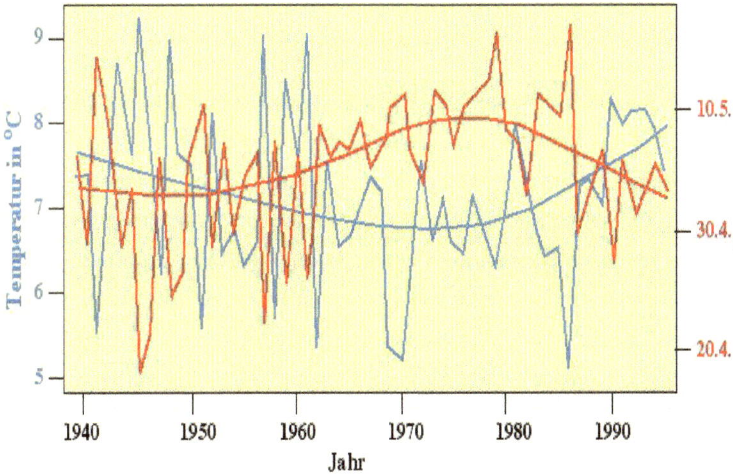

Abb. 11: Veränderung des Legezeitpunktes des britischen Buchfinks in Abhängigkeit von der Temperatur 1939-1995, Temperaturen: Durchschnitt der Monatsmittel von März und April in Mittelengland
Quelle: HBS, 2007

Allgemein betrachtet hat nach bisherigem Wissensstand der Klimawandel in höheren geografischen Breiten eine Verminderung des Flugumfangs zur Folge. Manche Zugvögel wurden in weiten Teilen Mitteleuropas bereits zu Standvögeln, wie beispielsweise Amseln in England und im Rheinland. Andere, wie Stare und Rauchschwalben, wurden zu Teilzüglern (Berthold, 2001, S. 29).

4.1.3 Wälder

Die Wälder in Europa besitzen für die Menschen als Erholungsraum und Ressourcenlieferant eine große Bedeutung. Zudem haben sie auch eine wichtige Funktion im Klimageschehen, da sie in erheblichen Maße am CO_2-Austausch zwischen Atmosphäre und terrestrischen Ökosystemen beteiligt sind, bodennahe Luftströmung bremsen, die Albedo beeinflussen und die Aufnahme- und Speicherfähigkeit der Vegetationsdecke und dessen Verdunstung fördern. Baumbestände reagieren deutlich langsamer auf den Klimawandel in Hinsicht ihrer räumlichen Ausbreitung als andere Vegetation, da Bäume meist einige Jahrzehnte von der Saat bis zur Reife benötigen. Untersuchungen haben ergeben, dass einige Baumarten zwischen 50 und 1000 Jahre brauchen um eine Neubesiedlung von einem 50km breiten Streifen zu erreichen. Um mit der Klimaänderung Schritt halten zu können müsste eine Migrationsrate hingegen bei ca. 600km pro Jahrhundert liegen. Auf Grund der unterschiedlichen Reaktion der verschiedenen Baumtypen wird es auch hier zu einer neuen Zusammensetzung der Wälder kommen. In Nordeuropa werden Kiefern und Fichten wahrscheinlich mit der Zeit durch Buchen und Birken ersetzt werden (HBS 2007). In diesen Regionen werden die steigenden Temperaturen und die damit verbundene Verlängerung der Vegetationszeit auch das Wachstum und die Produktivität der Wälder erhöhen (Chmielewski, 2005, S. 72).

Im Alpenraum werden die Bäume, wie auch die gesamte Alpenflora, verstärkt in die Höhe wandern und damit in die subalpine und alpine Zone vordringen. „Jene Pflanzengesellschaften, die bisher die heimischen Gipfel besiedelten, werden zukünftig verstärkt Konkurrenz durch aufsteigende Arten bekommen." (Umweltdachverband, 2006, S. 47)

Auch lassen sich bereits heute Zunahmen der Wachstumsraten von Bäumen durch einen CO_2- und Temperaturanstieg in der Atmosphäre erkennen. Dies kann an Hand von Beobachtungen für die mittleren und höheren Breiten belegt werden. Die Wachstumszeit der nordischen Fichte hat sich in Österreich in der Zeit von 1961 bis 1990 durch den Anstieg der Jahrestemperatur um 0,72°C und der

Wintertemperatur um 2,36°C um 11 zusätzliche Tage erhöht (vgl. Abb. 12) (Talkkari, 1998, S. 97ff).

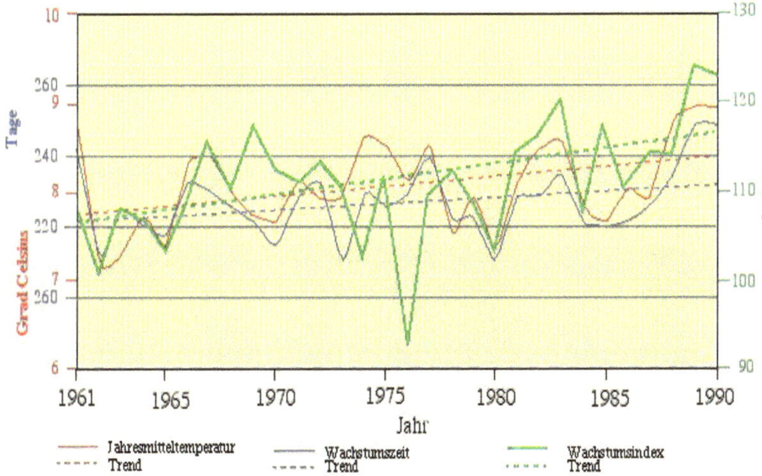

Abb. 12: Klimaänderung und Baumwachstum in Österreich von 1961 bis 1990.
Die Darstellung zeigt den Anstieg der Jahresmitteltemperatur und die Zunahme der jährlichen Wachstumsperiode (definiert als die Zahl der Tage mit einer Durchschnittstemperatur über 5 °C) sowie die Zunahme des Stammwachstums in Prozent.
Quelle: HBS, 2007

Bis zum Ende des 21. Jahrhunderts werden nach Modellberechnungen in Nordfinnland eine Temperaturerhöhung von 4℃ und eine Zunahme des Niederschlags um 10% erwartet. Man nimmt an, dass dies zu Erhöhung der Wachstumsraten um 30% führt. Für Südfinnland rechnet man mit einer 10%igen Wachstumsrate bis 2070, die aber dann bei einer Temperaturerhöhung von über 3℃ wieder zurückgehen wird (ebd., S. 97ff).

Für die mittleren Breiten Europas vermutet man als Folge des Anstiegs der Jahresmitteltemperatur und dem Rückgang des Niederschlags eine deutliche Verminderung des Artenreichtums. Beispielsweise wird der Buchenbestand im Nordosten durch trockenresitentere Arten wie Kiefern, Eichen und Linden teilweise ersetzt werden.

Im mediterranen Raum wird es trotz positiver Düngungseffekte durch die Erhöhung der CO_2-Konzentration auf Grund von Niederschlagsarmut kaum zu einem Anstieg der Wachstumsraten, sondern eher zu Trockenstress und weiteren negativen Folgen für die Artenzusammensetzung kommen. Auch wird in diesen Gegenden die Waldbrandgefahr deutlich zunehmen.

Eine weitere Gefahr für die Wälder, die im Zusammenhang mit dem Klimawandel zunimmt ist die Schädigung durch Insektenbefall. Vor allem die boreale und gemäßigte Zone sind dabei besonders betroffen. Hier können auf Grund der Erwärmung Insekten und Krankheitserreger heimisch werden, die man vorher in diesen Gebieten nicht kannte (HBS, 2007). Auch konnten in Folge der Klimaerwärmung bei Insekten zusätzliche Generationen und längere Lebenszyklen festgestellt werden (Umweltdachverband, 2006, S. 49).

Zahlreiche Bäume fielen in Europa dem Fichtenborkenkäfer zum Opfer. Begünstigt wurde seine Verbreitung besonders durch Stürme wie Lothar im Jahr 1999, denen Trockenperioden folgten.

4.1.4 alpine Ökosysteme

Auch die alpinen Ökosysteme haben für die Menschen hinsichtlich Energie- und Ernährungsressourcen sowie als Erholungsraum eine wichtige Funktion. Sie haben eine entscheidende Beeinflussung auf das Klima der umliegenden Regionen durch Ablenkung von atmosphärischen Strömungen und spielen eine bedeutende Rolle im Wasserkreislauf. Damit betreffen Veränderungen in den Gebirgsräumen die gesamten Gewässersysteme in den angrenzenden Gebieten.

Die alpinen Regionen haben laut Messungen im Gegensatz zu den umgebenden Flachländern eine deutlich höhere Erwärmung ergeben. Folgen sind weitreichend und wurden in den letzten Kapiteln bereits diskutiert. Dazu gehören u.a. der Gletscherschwund, das Auftauen des Permafrostbodens und die Auswirkungen auf die Wasserressourcen (HBS, 2007).

„Vor allem im Bereich Biodiversität sind die Alpen sehr anfällig, da sie durch eine hohe Anzahl endemischer Tier- und Pflanzenarten geprägt sind, denen sich im Zuge des Klimawandels kaum Ausweichmöglichkeiten bieten." (Umweltbundesamt, 2005, S. 7)

Wie bereits in Kapitel 4.1.3 erwähnt ist bei der alpinen Flora eine deutliche Wanderung in die Höhe zu beobachten. Wissenschaftler vermuten, dass die meisten alpinen und nivalen Arten eine Temperaturerhöhung um 1 bis 2°C zunächst tolerieren werden und eine geringere Erwärmung das Wachstum vieler Arten positiv beeinflussen kann. Bei einem stärkeren Anstieg der Temperatur um 3 bis 4°C ist dann jedoch mit Problemen zu rechnen, da sich die Flächen der einzelnen Höhenstufen verringern und damit den Lebensraum der alpinen Flora weiter einschränken würde (vgl. Abb. 13).

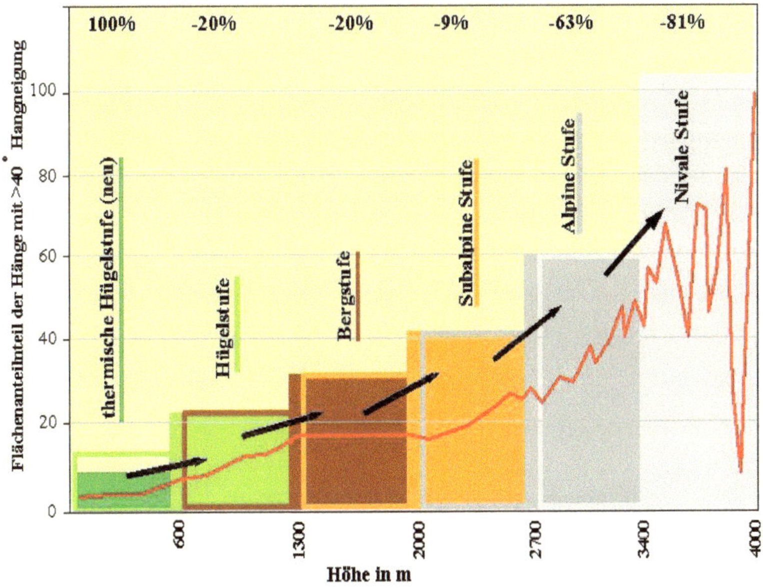

Abb.13: Höhenverschiebung der Vegetationsstufen in den Schweizer Alpen bei einer Erwärmung um 3,3 °C. Die Rahmen geben die gegenwärtigen Höhenstufen an, die Säulen die künftigen. Die rote Kurve markiert den Flächenanteil der Hangneigungen >40°, im oberen Bereich der Graphik ist der prozentuale Flächenverlust der Höhenstufen angegeben.

Quelle: HBS, 2007

Eine weitere Schwierigkeit ergibt sich aus der Tatsache, dass mit zunehmender Höhe die Hänge meist steiler werden und damit als Untergrund für viele Pflanzen nicht mehr geeignet sind (HBS, 2007). Die Baumgrenze folgt nur langsam den klimatischen Gegebenheiten. Man prognostiziert für die Schweiz bei einem Temperaturanstieg um 1 bis 2℃ eine Anhebung der Baumgrenze um 100 bis 200 m und bei einem Anstieg von 3 bis 4 ℃ eine Anhebung auf 350 bis 700m. Eine Wanderung in diese Höhen wäre nur über mehrere 100 Jahre möglich. Bei dem derzeitig angenommen Tempo der Erwärmung könnten die Baumbestände mit dem Klimawandel nicht Schritt halten (Theurillat & Guisan, 2001, S.77ff).

Da nicht nur die Temperatur, sondern auch andere Standortfaktoren wie Böden, Nährstoffangebot, Feuchtigkeit und Lichtverhältnisse das Pflanzenwachstum beeinflussen und nicht alle Arten gleich reagieren wird es auch in den alpinen Regionen zu neuen Artenzusammensetzungen kommen.

Besonders in den Hochgebirgsregionen Europas fällt es schwer die klimatischen Auswirkungen und die menschlichen Einwirkungen auf das Ökosystem zu trennen, da sie in enger Wechselwirkung zueinander stehen und sich gegenseitig noch verstärken. Beispielsweise tragen die Beweidung, der Skitourismus, die Waldnutzung und die Anlage von Verkehrswegen und der damit einhergehenden Verminderung des Hangbewuchses in Kombination mit der Temperaturerhöhung und den damit verbundenen Folgen zu Verstärkung von Überschwemmungen im Frühjahr und später zu Trockenheit bei (HBS, 2007).

4.1.5 marine Ökosysteme

Neben anthropogen verursachten ökologischen Störungen, wie die Verschmutzung und die Überfischung der Meere hat auch der Klimawandel eine bedeutende Auswirkung auf die Meeresfauna. Das klimatische Geschehen steuert die Nährstoffversorgung und allgemeine Zirkulation der Ozeane, daher ist ein klimatischer Wandel für die marinen Ökosysteme von großer Bedeutung. Klimaveränderungen werden deutliche Verschiebungen der räumlichen Struktur und Verteilung der Meeresökosysteme zur Folge haben. In den letzten Jahrzehnten konnte man bereits polwärtige Wanderungen verschiedener

Lebensgemeinschaften und eine Einwanderung von Warmwasser- bzw. subtropischen Fischen in den Nordostatlantik beobachten (eea, 2004, S. 50).

Eine entscheidende Rolle hat neben der Eisverteilung, dem Salzgehalt und der Nährstoffversorgung ganz besonders die Wassertemperatur (Enquete-Kommission, 1992, S. 122ff).

Die Nordsee und das westliche Mittelmeer zeigen in den vergangenen 15 Jahren eine geringfügige Erwärmung um 0,5°C. Für das Jahr 2100 projiziert man einen Anstieg der globalen Meeresoberflächentemperatur um 1,1 bis 4,6°C ausgehend von dem Level der 90er Jahre (vgl. Abb. 14) (eea, 2004, S.43).

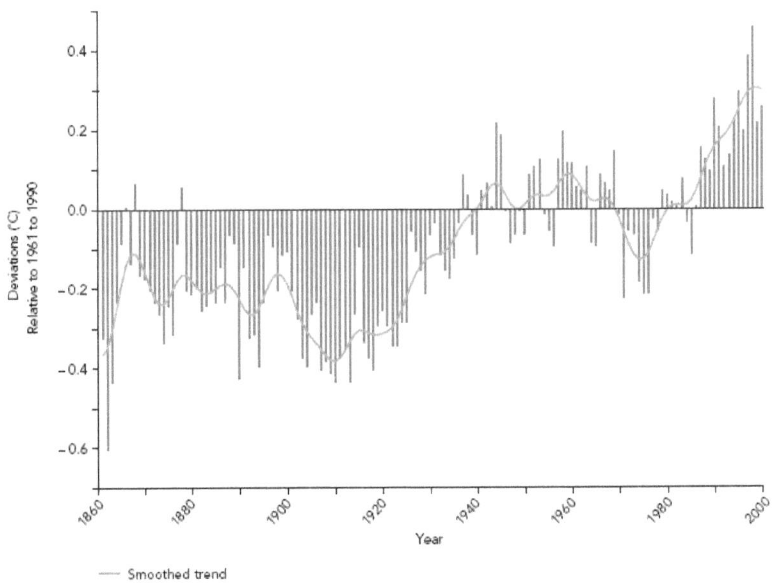

Abb 14: Annual sea surface temperature (SST) deviations averaged over the northern hemisphere
Quelle: eea, 2004, S. 43

Eine Erhöhung der Wassertemperatur begünstigt ebenso die Verbreitung von Krankheitserregern wie auch die Algenblüte und bedingt eine vermehrte Produktion von Biomasse bzw. Plankton, Algen und Mikroorganismen, deren Zersetzung eine steigende Sauerstoffzehrung in der Wassersäule und am

Meeresboden zur Folge hat. Dadurch ist auch beispielsweise die Vermehrung von Ruderfüßern und damit das Gleichgewicht in der Nahrungskette der Meeresfauna gefährdet, was auch wiederum die Dezimierung der nutzbaren Fischpopulationen zu bedeuten hat (Sterr, 1999, S. 66). Zudem hat die Wassertemperatur einen maßgebenden Einfluss auf die Laichzeit, das Aufwachsen der Jungfische und die Produktionsrate der Nahrung. In der Nordsee zeigte sich dies beispielsweise beim Kabeljau. Hier ließ sich ein Rückgang der Fangergebnisse parallel mit der Erwärmung seit dem Jahr 1988 erkennen (O'Brien et al., 2000, S. 142).

4.1.6 Küstenökosysteme – das Wattenmeer

Das Wattenmeer, das von Den Helder in den Niederlanden bis Blavandshuk in Dänemark reicht, hat mit seiner einzigartigen Vegetation, Flora und Fauna eine herausragende ökologische und ökonomische Bedeutung. Für den Küstenschutz spielt das Wattenmeer in Funktion als Wellenbrecher eine große Rolle und als eine der letzten vom Menschen relativ unbeeinflussten Landschaften ist es zudem für den Naturschutz und den Tourismus sehr wertvoll (Jacobus & Hofstede, 1999, S. 306).

Zudem erfüllt es die Funktion als Laich-, Brut-, Aufwuchs- und Lebensraum für Fische, Muscheln, Vögel, Robben etc.. Dieses Ökosystem ist durch die klimabedingten Veränderungen, durch den raschen Meeresspiegelanstieg, Häufung von Sturmfluten, die verstärkten Seegangs- und Strömungsprozesse und der damit einhergehenden Erosion laut Experten zunehmend bedroht. Man befürchtet u.a. den Verlust von Seegras- und Salzwiesen, das Abwandern von Vögeln und den Rückgang der Fisch- und Muschelbestände (Sterr, 1999, S. 65 ff). Das führt zu einer eingeschränkten Leistungsfähigkeit dieses einzigartigen Ökosystems, wobei besonders die natürliche Artenvielfalt, das Produktions- und Selbstreinigungsvermögen der Oberflächengewässer und der ästhetische Wert betroffen sind. Davon gehen ebenso wirtschaftliche Gefahren in Bezug auf Fischerei, Aquakultur und Attraktivität für den Tourismus wie auch eine Gefährdung für die menschliche Gesundheit durch eine zunehmende

Schadstoffbelastung, Infektionsanfälligkeit und einen geringeren Erholungswert aus (Sterr & Schmidt, 1995, S. 109).

4.2 Klimawandel und Landwirtschaft

Eine besonders wichtige Frage, die sich in Verbindung mit dem Klimawandel stellt ist die Frage der Ernährungssicherheit und wie sich die Temperaturerhöhung auf die Landwirtschaft auswirken wird. Die Wirkung von Temperatur- und Niederschlagsänderungen, der Düngereffekt von CO_2 und die Anpassungsfähigkeit der Bauern, d.h. Wahl der angebauten Pflanzen, Bewässerungspraxis etc. wirken sich direkt auf die Nahrungsmittelerträge aus.

Für Europa ist eine der wichtigsten Konsequenzen die Ausbreitung der Anbaugebiete Richtung Norden. Wie bereits in Kapitel 4.1.1 beschrieben, haben die höheren Temperaturen eine Verlängerung der Wachstumsphase zur Folge. Jedoch können ein verfrühter Wachstumsbeginn, eine damit verbundene kürzere Kornfüllungsphase und zu trockene Bedingungen auch zu einer Verringerung der Ernte führen. Negative Effekte durch die Temperaturveränderung könnten jedoch bei einigen Anbaufrüchten durch den Anstieg der CO_2-Konzentration kompensiert werden. Pflanzen können sehr unterschiedlich auf den zunehmenden CO_2 Gehalt reagieren je nachdem ob sie sogenannte C-3-Pflanzen oder C-4-Pflanzen sind. C-3-Pflanzen wie Weizen, Soja und Reis werden wahrscheinlich von einem erhöhten CO_2-Gehalt profitieren, da sie ihre Photosyntheseraten durch eine erhöhte CO_2-Konzentration verbessern können. Bei den typischerweise in Entwicklungsländern angebauten C-4-Pflanzen wie Mais, Sorghum, Hirse und Zuckerrohr wird es hingegen zu keinen positiven Auswirkungen kommen (Germanwatch, 2002). Auf eine CO_2-Erhöhung werden besonders auch mineralstoffreiche Wiesen und Weiden mit einer Produktivitätssteigerung reagieren, was wiederum eine Erhöhung der Milchproduktion zur Folge hat. Allerdings kann diese sich bei Hitzestress auch bedeutend verringern (HBS, 2007).

Nach Modellberechnungen wird es in Europa bis zum Jahr 2050 zu Ertragssteigerungen von 9 bis 35% kommen. Die größten Zunahmen im Ertrag könnten dabei in Skandinavien (3-4 t/ha), einigen Teilen Nordspaniens, Südfrankreichs, Italiens und Griechenlands verzeichnen. In Südportugal, Südspanien, in der Ukraine und in manchen Gebieten Bulgariens und Rumäniens wird es wegen geringerer Niederschläge dagegen zu Ernteeinbußen um bis 3 t/ha kommen (eea, 2004, S. 69). Die projizierten Veränderungen der Winterweizenerträge in Europa bis 2050 gibt Abbildung 15 wieder.

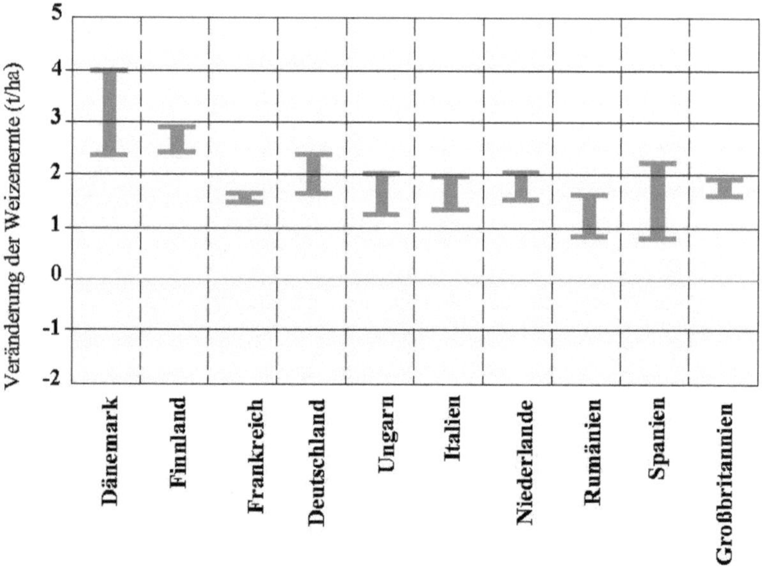

Abb. 15: Veränderung der Ernteerträge bei Winterweizen bis 2050 bei einer Erhöhung der Konzentration von CO_2 auf 515 ppm und einer Temperaturerhöhung um 2,3°C
Quelle: HBS, 2007

Ebenfalls wurden die Ertragsergebnisse in Europa in den letzten Jahrzehnten durch die Zunahme von Extremwetterereignissen beeinflusst. Während der Hitzewelle im Jahre 2003 hatten beispielsweise viele südeuropäische Länder Ertragsausfälle von bis zu 30%, während einige nordeuropäische Länder von höheren Temperaturen und niedrigerem Niederschlag sogar profitieren konnten (ebd., S. 67).

Im nördlichen Europa werden sich die Temperaturerhöhung, die Verkürzung von Schnee- und Frostperioden und der CO_2 Gehalt positiv auf die Landwirtschaft auswirken. Nach Nordeuropa wandernde Schädlinge und Krankheiten werden zwar den Gebrauch von Pestiziden und Fungiziden erhöhen, die Ernteerträge aber nicht wesentlich mindern. In Süd- und Osteuropa wird hingegen auf Grund fehlender Niederschläge, steigenden Temperaturen, Dürregefahr und Wassermangel mit Ernteeinbußen zu rechnen sein (HBS, 2007).

4.3 Klimawandel und Tourismus

Viele touristische Aktivitäten werden direkt vom Wetter beeinflusst, daher stellt die Klimaveränderung zunehmendes Risiko für die Tourismusindustrie, die davon abhängigen Wirtschaftszweige und auch die Touristen selber dar. Besonders Badeorte und Wintersportzentren hängen im höchsten Maße von günstigen Wetterbedingungen ab. Auch kann der Klimawandel die Hauptattraktion, nämlich die Natur, nachhaltig schädigen.

Schneemangel und zurückgehende Schneesicherheit in den Bergen, eine damit verkürzte Wintersaison und das Abschmelzen der Gletscher werden einen beachtlichen Rückgang des Tourismus z.B. in den Alpen zur Folge haben.

„Im Moment haben 609 von 666 (oder 91%) der alpinen Skigebieten in Österreich, Frankreich, Deutschland, Italien und der Schweiz gute Schneeverhältnisse. Dies würde bei einemTemperaturanstieg von 1°C auf 500 Gebiete, bei 2°C auf 404 und bei 4°C auf 202 Skigebiete zutreffen. In den Alpen würden nur 61% der jetzigen Skigebiete bei einem Temperaturanstieg von 2°C natürlichen Schnee haben.“ (Kreilkamp, 2007, S.5)

Selbst die künstliche Schneeerzeugung ist auf Grund der gestiegenen Temperaturen an immer wenigeren Tagen möglich. Dies könnte in peripheren Lagen zur Entvölkerung führen, da dort die Einnahmequellen durch den Tourismus für viele dort lebenden Menschen fehlen würden. Bereits heute ist dies in einigen ländlichen Räumen der französischen und italienischen Alpen der Fall (Schröder, 2004, S. 141). Die klimabedingten Änderungen bei der Flora und Fauna, Erosionen- und Lawinengefahr und ästhetische Beeinträchtigungen, beispielsweise durch schwindende Gletscher können sich auch im Sommer negativ auf Besucherzahlen auswirken.

Besonders Badeorte am Mittelmeer könnten stark von den Folgen des Klimawandels betroffen sein, wenn Strandtouristen wegen zu großer Hitze wegbleiben. Gefahren für Touristen gehen besonders auch von Hitzewellen, Überschwemmungen und Waldbränden aus, die neben ästhetischen Gesichtspunkten wie Algenpest und verdorrten Landschaften ein negatives Image auf die Region werfen. Höhere Temperaturen und sinkende Niederschläge führen zu Wasserknappheit, was wiederum auch zu Nutzungskonkurrenzen zwischen einheimischen Landwirten und der Tourismusindustrie, z.B. Hotel- und Golfplatzbetreibern führen kann.

Die negativen Auswirkungen des Klimawandels für die Mittelmeerregion könnte jedoch für die mitteleuropäischen Touristenstandorte eine Steigerung der Besucherzahlen bedeuten. Der Fremdenverkehr in den deutschen Küstenregionen wird aller Wahrscheinlichkeit nach von den anzunehmenden höheren Sommertemperaturen und abnehmenden Sommerniederschlägen profitieren. Allerdings könnten aber auch negative Folgen des Klimawandels wie starke sommerliche Algenentwicklung, Schädigung des Wattenmeers, Abwandern von Küstenvögeln Auswirkungen auf den Tourismus haben.

Zusammengefasst lässt sich feststellen, dass der Tourismus in den mittel- und nordeuropäischen Ländern von den anzunehmenden Auswirkungen, vor allem den steigenden Temperaturen profitieren wird, wohingegen Südeuropa mit Einbußen rechnen muss.

4.4 Klimawandel und Gesundheit

Die Klimaänderung erhöht auch in Europa zunehmend das Risiko für die Gesundheit der Menschen und kann diese in direkter und indirekter Weise beeinflussen.

4.4.1 direkt: Extremereignisse

Zu den direkten Einflüssen zählen die immer häufiger eintretenden Wetterextreme wie Dürren, Hitzewellen oder Flut- und Sturmereignisse.

Die Mortalitätsrate zeigt vor allem bei Herz-Kreislauf- und Atemwegserkrankungen, bei älteren und sehr jungen Menschen eine enge Korrelation zur sommerlichen Hitzebelastung. In Städten haben Hitzwellen deutlich stärkere Auswirkungen als in ländlichen Gebieten, da dort die nächtliche Abkühlung weitgehend ausbleibt (HBS, 2007).

Allein im Rekordsommer 2003 kamen in West- und Südeuropa 20.000 Menschen auf Grund der Hitze ums Leben. Darunter waren vor allem sehr viele ältere Menschen in Frankreich, Italien, Spanien, Portugal. Ungefähr 80% der 14.000 Todesfälle in Frankreich zwischen dem 1. und 20. August 2003 waren Menschen über 75 Jahre. Ausschlaggebend waren vor allem auch die hohen Nachttemperaturen (über 25°C). Im 21. Jahrhundert wird die Gefahr von Hitzwellen weiterhin ansteigen und folglich hitzebedingte Todesfälle zunehmen (eea, 2004, S. 73f). Abbildung 16 zeigt eine deutliche Korrelation zwischen Temperatur und Todesfällen in Paris im Sommer 2003.

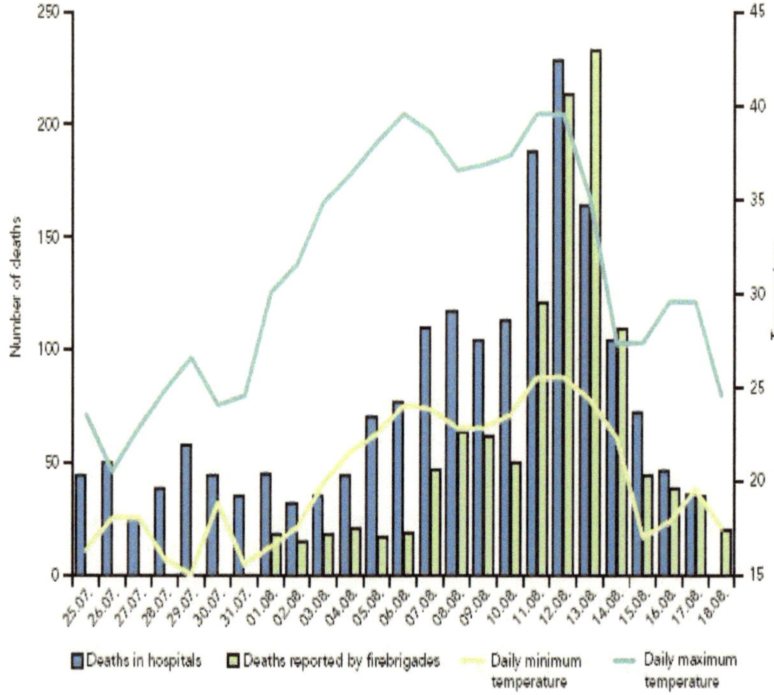

Notes: Reported deaths (bars on left axis), temperature (lines, right axis).

Abb.16: Number of reported deaths and minimum and maximum temperature in paris during the heatwave in summer 2003

Quelle: eea, 2004, S. 73

Die Gesamtzahl von Überschwemmungsereignissen in Europa hat seit 1974 zugenommen, während die Zahl von Todesfällen pro Überschwemmungsereignis (vgl. Abb. 17), wahrscheinlich wegen der verbesserten Vorwarn- und Rettungssysteme abgenommen hat. Die Intensität und Frequenz von Überschwemmungsereignissen und damit die Gefahr für den Menschen wird in Europa auf Grund der Klimaänderung jedoch weiterhin zunehmen (ebd., S.73).

Sie werden auch den Ausbruch von Krankheiten wie Cholera und Durchfallerkrankungen durch verunreinigtes Wasser begünstigen (HBS, 2007).

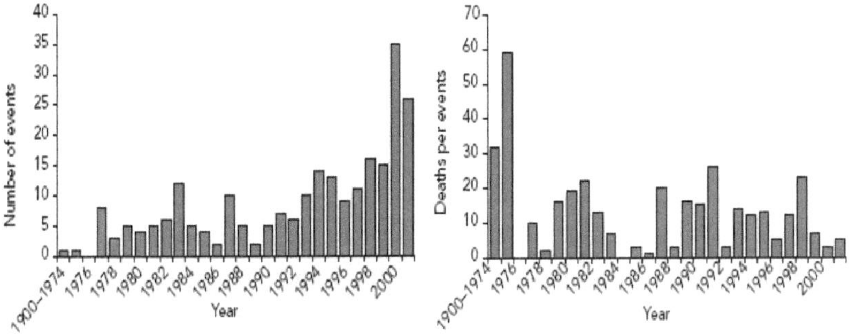

Note: Flood events include flash floods, river floods and storm surges in Europe (1976-2001).

Abb. 17: Number of flood events (left); number of deaths per flood event (right)
Quelle: eea, 2004, S. 75

4.4.2 indirekt: vektorbedingte Krankheiten

Die indirekten Folgen des Klimawandels werden für die menschliche Gesundheit vermutlich eine noch größere Bedeutung haben. Die gestiegenen Temperaturen haben für die meisten wechselwarmen Insekten in Europa bessere Lebensbedingungen geschaffen und können sich auf Grund dieser Tatsache auch schneller und besser vermehren.

In Mitteleuropa nahmen zwischen 1980 und 1995 durch Zecken ausgelöste Gehirnhautentzündungen und Borreliose stark zu (eea, 2004, S. 77). Ebenfalls gefährdet die durch die Anopheles-Stechmücken übertragene Malaria zunehmend die Bevölkerung des südlichen Europas. „Eine Temperaturerhöhung in Gebieten, in denen bisher eine zu niedrige Temperatur das Auftreten der Krankheit verhindert hat, kann jedoch zu einer sehr rapiden Ausbreitung der Krankheit führen, was auch damit zusammenhängt, dass die betroffene Bevölkerung keine Immunabwehr gegen Malaia entwickelt hat.“ (HBS, 2007)

5 Fazit

Die Auswirkungen des Klimawandels in Europa sind bereits heute in allen Lebensbereichen deutlich zu spüren. Die derzeit bestehenden Disparitäten zwischen dem nördlichen und südlichen Europa werden weiterhin zunehmen. Vor allem wird im Süden mit steigender Dürregefahr, abnehmenden Niederschlägen und Wasserverfügbarkeit die Ökosysteme, die Landwirtschaft und der Tourismus stark leiden, wohingegen Nordeuropa zunächst von den steigenden Temperaturen in annährend allen Bereichen profitieren wird. Hauptsächlich werden jedoch die negativen Auswirkungen des Klimawandels überwiegen, da insbesondere die Ökosysteme und die Gesellschaft an das vergangene bzw. gerade bestehende Klima angepasst sind und die Veränderungen wahrscheinlich so rasch vonstatten gehen, so dass Natur und Mensch mit der Anpassung Schwierigkeiten bekommen werden.

Weite Teile Europas werden verstärkt mit Extremereignissen rechnen müssen, die eine Gefährdung der Menschen und Sachgüter bedeutet. Hier gilt es geeignete Schutzmaßnahmen und Anpassungsmöglichkeiten zu finden, um die Verwundbarkeit der belebten und unbelebten Systeme gegenüber künftigen Klimaänderungen zu verringern. Diesen sind natürlich nur begrenzt möglich und / oder sehr kostenintensiv. Gleichzeitig sollte jedoch von Gesellschaft, Politik und Industrie etc. alles daran gesetzt werden, dass der Klimawandel keine Dimensionen annimmt, die sich auch durch Anpassung nicht mehr vermeiden lassen. Europa ist jedoch zusammengefasst betrachtet vor allem im Gegensatz zu den Entwicklungsländern in einer günstigen Position dem Klimawandel mit technischen und auch intellektuellen Ressourcen entgegenzustehen.

Literaturverzeichnis

Arnell, N. W. (1999): The effect of climate change on hydrological regimes in Europe: a continental perspective. In: Global Environmental Change 9, S. 5-23

Berthold, P. (2001): Vogelzug als Modell der Evolutions- und Biodiversitätsforschung. Jahrbuch der Max-Planck-Gesellschaft 2001, S. 27-48

Brooks N. et al. (2006): Sea Level Rise: Coastal Impacts and Responses. Externe Expertise für das WBGU-Sondergutachten "Die Zukunft der Meere - zu warm, zu hoch, zu sauer". (abrufbar unter: http://www.wbgu.de/wbgu_sn2006_ex03.pdf, am 2.06.2007)

Bundesumweltministerium (2007) (Hrsg.): 4. Sachstandsbericht (AR4) des IPCC (2007) über Klimaänderung, Auswirkungen, Anpassungsstrategien, Verwundbarkeiten, Kurzzusammenfassung. (abrufbar unter: http://www.bmu.de/files/pdfs/allgemein/application/pdf/ipcc2007_kurzfassung_dt.pdf, am 2.6.2007)

Butzengeiger S. & B. Horstmann (2005): Klimawandel: Ein Phänomen, verschiedene Konsequenzen. In: Praxis Geographie, H. 1, S. 46-48

Chmielewski F. M. (2005): Mögliche Auswirkungen von Klimaänderung auf die Vegetationsentwicklung. In: UBA – Workshop, Klimaänderung – Herausforderung für den Bodenschutz, S. 69-74 (abrufbar unter: http://www.umweltdaten.de/publikationen/fpdf-l/3008.pdf, am 15.05.2007)

CICERO – Center for InternationalClimate and Environmental Research Oslo (2005) (Hrsg.): Major changes in Norway's glaciers. (abrufbar unter: http://www.cicero.uio.no/fulltext.asp?id=3561&lang=en, am 3.6.2007)

Deutscher Wetterdienst (DWD) (2007) (Hrsg.): Beschreibung und klimatologische Bewertung des Orkantiefs „Kyrill". (abrufbar unter: http://www.dwd.de/de/FundE/Klima/KLIS/prod/spezial/sturm/orkan_kyrill_18012007.pdf, am 3.6.2007)

Enquete-Kommission „Schutz der Erdatmosphäre" des Deutschen Bundestages (1992) (Hrsg.): Klimaänderung gefährdet globale Entwicklung. Bonn.

European Environment Agency (eea) (2004) (Hrsg.): Impacts of Europe's changing climate. (abrufbar unter: http://reports.eea.europa.eu/climate_report_2_2004/en/impacts_of_europes_changing_climate.pdf, am 25.05.2007)

Freie Hansestadt Hamburg (2006) (Hrsg.): Hochwasserschutz in Hamburg. (abrufbar unter: http://fhh.hamburg.de/stadt/Aktuell/behoerden/stadtentwicklung-umwelt/bauen-wohnen/hochwasserschutz/start.html, am 6.6.2007)

Germanwatch (2002) (Hrsg.): Auswirkungen der Klimaänderungen. (abrufbar unter: http://www.germanwatch.org/klak/cd/1opfer.htm, am 17.05.2007)

Gesellschaft für ökologische Forschung e.V. (2007) (Hrsg.): Das Gletscherarchiv. (abrufbar unter: http://www.gletscherarchiv.de, am 4.6.2007)

Hamburger Bildungsserver (HBS) (2007) (Hrsg.): Klimafolgen und Klimaschutz. (abrufbar unter: http://lbs.hh.schule.de/index.phtml?site=themen.klima, am 25.05.2007)

IPCC (2001a): Climate Change 2001: Impacts, Adaption, and Vulnerability. Contribution of the Working Group II to the Third Assessment Report of the Intergovernmental Panel on Climate Change. Cambridge and New York.

IPCC (2001b): Climate change 2001: The scientific basis, Cambridge University Press, Cambridge, UK.

Jacobus L. & A. Hofstede (1999): Mögliche Auswirkungen eines Klimawandels im Wattenmeer. In: Petermanns Geographische Mitteilungen, B. 143, S. 305-314

Kreilkamp E. (2007): Klimawandel und verschiedene Destinationen – Forschungsstand. (abrufbar unter: http://www.klimatrends.de/uploads/media/Summary_Klimawandel_andere_Destinationen.pdf, am 11.6.2007)

Luterbacher J. et al. (2004): European Seasonal and Annual Temperature Variability, Trends, and Extremes Since 1500. In: Science 303, S. 1499-1503

Max Planck Institut (2000): Wie wird das Klima in der Mitte des 21. Jahrhundert aussehen? (abrufbar unter: http://www.mpimet.mpg.de/presse/faqs/wie-wird-das-klima-in-europa-in-der-mitte-des-21-jahrhunderts-aussehen.html, am 29.5.2007)

Menzel A. and P. Fabian (1999): Growing season extended in Europe. In: Nature, 397, S. 659

Nicholls R. J. et al. (2006): Metrics for assessing the economic benefits of climate change policies: Sea-level rise. Report to the OECD. (abrufbar unter: http://www.oecd.org/dataoecd/19/63/37320819.pdf, am 2.06.2007)

O'Brien C. M. et al. (2000): Climate variability and North Sea cod. In: Nature 404, S. 142.

ProClim – Forum for Global and Climate Change (2004) (Hrsg.): Synthesebericht Hitzesommer 2003. (abrufbar unter: http://www.proclim.ch/products/heatwave03/PDF_D/Kap_1_Hitzesommer03_d.pdf, am 4.6.2007)

Rahmstorf S. & H. J. Schellnhuber (2006): Der Klimawandel. München.

Schär C. et al. (2004): The role of increasing temperature variability in European summer heatwaves. In: Nature 427, S. 332-336

Schöder H. (2004): Auswirkungen des Klimawandels auf die Oberflächenformung – Konsequenzen für eine mögliche künftige Entwicklung. In: Berliner Geographische Arbeiten, B.97, S. 137-143

Schönwiese C. D. (2005): Klimawandel. In: Praxis Geographie, H. 5, S. 4-9

Schweizerische Rückversicherungsgesellschaft Swiss Re (2007) (Hrsg.): Swiss Re schätzt ihre Schadenbelastung infolge des Wintersturms Kyrill auf etwa 140 Mio. EUR. (abrufbar unter: http://www.swissre.com/Internet/pwsfilpr.nsf/vwFilebyIDKEYLu/BMER-6XT8XW/$FILE/SR_Kyrill_20070126_ger.pdf, am 5.6.2007)

Sterr H. & K. Schmidt (1995): Auswirkungen des Klimawandels auf den deutschen Küstenraum. In: Geographische Rundschau, B. 47, H. 2, S. 105-112

Sterr H. (1999): Mögliche Folgen des Klimawandels für Küstenregionen: Beispiel deutsche Nordseeküste. In: HGG-Journal, B. 14, S. 57-73

Talkkari, A. (1998): The development of forest resources and potential wood yield in Finland under changing climatic conditions. In: Forest Ecology and Management 106, S. 97-106

Theurillat, J.-P. & A. Guisan (2001): Potential Impact of Climate Change on Vegetation in the European Alps: A Review. In: Climatic Change 50, 77-109

Thomas, C. D. et al. (2001): Ecological and evolutionary processes at expanding range margins. In: Nature 411, 577 – 581

Umweltbundesamt (2004) (Hrsg.): Globaler Klimawandel – Klimaschutz 2004. (abrufbar unter: http://www.umweltdaten.de/publikationen/fpdf-l/2695.pdf, am 15.05.2007)

Umweltbundesamt (2005) (Hrsg.): Klimawandel in Deutschland – Vulnerabilität und Anpassungsstrategien klimasensitiver Systeme. (abrufbar unter: http://www.umweltdaten.de/publikationen/fpdf-k/2947.pdf, am 15.05.2007)

Umweltdachverband (2006) (Hrsg.): Auswirkungen der Klima- und Gletscheränderung auf den Alpinismus. Wien.